神套路
与
神逻辑

陈森 著

电子工业出版社
Publishing House of Electronics Industry
北京·BEIJING

图书在版编目（CIP）数据

神套路与神逻辑 / 陈森著. -- 北京：电子工业出
版社，2025. 4. -- ISBN 978-7-121-49955-5

Ⅰ. B804

中国国家版本馆CIP数据核字第2025R6P332号

责任编辑：黄益聪
印　　刷：天津画中画印刷有限公司
装　　订：天津画中画印刷有限公司
出版发行：电子工业出版社
　　　　　北京市海淀区万寿路 173 信箱　邮编：100036
开　　本：880×1230　1/32　印张：5　　字数：68 千字
版　　次：2025 年 4 月第 1 版
印　　次：2025 年 4 月第 1 次印刷
定　　价：58.00 元

凡所购买电子工业出版社图书有缺损问题，请向购买书店调
换。若书店售缺，请与本社发行部联系，联系及邮购电话：（010）
88254888，88258888。

质量投诉请发邮件至 zlts@phei.com.cn，盗版侵权举报请发邮
件至 dbqq@phei.com.cn。

本书咨询联系方式：（010）68161512，meidipub@phei.com.cn。

前　言

　　在这个信息爆炸的时代，我们每天都在做选择。不论是判断新闻的真伪、参与社交媒体上的讨论，还是在工作中做决策，我们都需要依赖一种至关重要的技能——批判性思维。本书旨在引导读者探索和提升这一能力，帮助大家在复杂多变的现代社会中做出更明智的选择。

　　为什么批判性思维如此重要？

　　首先，批判性思维能帮助我们清晰地分析信息，判断信息是否真实可靠。在互联网上，每个人都可以是信息的发布者，这使得错误信息、偏见甚至谣言层出不穷。如果缺乏批判性思维，我们很容易被误导，甚至做出错误的决策。

其次，批判性思维有助于我们更好地理解他人观点，促进沟通与互相理解。无论是职场讨论还是日常交流，在批判性思维的加持下，我们可以透过言辞的表面含义，准确捕捉到对方论点背后的深层逻辑，从而做出更加合理的回应。

最后，批判性思维能够促进个人的自我反思与成长。通过不断地质疑和反思自己的思考过程，我们可以逐步剔除思维中的偏见和惯性，形成更加开放和成熟的思维模式。

本书将通过三大部分，帮助读者系统掌握批判性思维的技能。第一部分"套路的真相"侧重介绍套路中常见的语言修辞技巧及其背后隐藏的心理操纵机制，让读者了解如何通过对语言的精确使用来提升沟通效果。第二部分"探索逻辑世界"主要介绍构成逻辑的三大基石，并对常见的逻辑谬误逐个进行详细解读，帮助读者建立正确的逻辑思维基础。第三部分是对全书的简要总结。最后，我通过索引，列出了书中提到的套路和逻辑谬误，并提供简要解释和识别要点，方便读者快速参考和查找。

通过阅读本书，我希望读者能在了解套路和逻辑的理论知识的基础上，在生活中精准识别日常套路和逻辑谬误，并在面对复杂信息时做出独立和明智的判断。

我们生活的世界是复杂的，充满了不确定性，但同时也存在着各种可能。希望这本书能成为你在探索这个世界时的一盏明灯，帮助你在信息的海洋中航行得更加自如，更加平稳。批判性思维不仅是一种技能，更是一种能让我们在瞬息万变的时代保持竞争力的重要资产。

在接下来的篇章中，我将一步步揭开批判性思维的面纱，探索隐藏其后的深层真相。让我们带着好奇和开放的心态，开始这段探索之旅吧。

目 录 | CONTENTS

Part3
第三部分

结语：让批判性思维成为你的超级技能 / 133

第一部分

套路
的真相

套路：语言的"魔法调料包"

　　在这一部分，我们主要向大家呈现一些言语交流上的常见套路。如果把日常交流中的语言看作一道道菜肴，那套路就是为这些菜肴增香添色的"魔法调料包"，会让我们的语言更有味道、更有说服力。

　　语言套路早已渗透我们生活的方方面面，它是一种精心设计的计划，也可以理解为交流中可行的说服手段。换成更接地气、更好理解的话来说，语言套路就是让你的话术升级，从"干巴巴"变成"有滋有味"，而这样做的目的，或者说可以达到的效果，就是用言辞影响他人的思想和情感，

让你的表达像磁铁一样，牢牢吸引听众。

简而言之，语言套路就像给语言加调料，可以让平淡无奇的表达变得色香味俱全。具体来说，这些套路可以美化语言、增强语言说服力、引发听众的情感共鸣。

美化语言，就是让语言变得更生动、更有表现力、让人更容易接受，就像给菜肴加香料，可以让难以下咽的菜味道变好，也可以让本就好吃的菜更加有滋有味。比如，病人需要手术，家属询问手术的成功率，你回答说"放心吧，有80%的成功率"总比说"放心吧，失败概率只有20%"更让家属心里有底。

给精心构建的论点加上适当的套路，可以增强语言的说服力。就像给菜肴加辣，会让人印象深刻一样。比如，电影海报上写着："这部电影将改变你的生活。"这种夸张的手法就是一种常见套路，更容易勾起消费者的兴趣。

引发听众的情感共鸣，就是让语言更加触动人心，就像给菜肴加糖，让人感觉甜到心里。广告中的温馨家庭场景，就是这种手法的典型应用。

语言当中的套路有千千万万，但它一点都不神秘，有不少是我们常见、常用却不以为意的——

比喻，虽然只是把一种事物比作另一种事物，却可以为你的表达加上一层滤镜，让你的语言变得更加直观、更富感染力。比如："她的笑容像阳光一样温暖。"

排比，用结构相似的句子或短语，可以让你的表达像鼓点一样，节奏感强烈。比如："我来过，我看见，我征服。"

夸张，适度夸大事实，就像为你的表达加了特效，让它变得更引人注目。比如："他的力气大得能搬动一座山。"

反问，用问句表达肯定的意思，就像为你的表达加满了油，让它变得更有力度。比如："难道这不是显而易见的吗？"

在商业广告和政治演讲中运用语言套路，就像给菜肴添加了特色调料，让它们变得更吸引人。比如，汽车广告中的比喻和暗示："这不仅是一辆车，更是一种生活方式。"在政治演讲中运用比喻和排比，一个很好的案例是马丁·路德·金的《我有一个梦想》，对修辞手法的运用使他的语言更具力量、更有说服力，一连串兼具比喻和夸张的排比句，让他的演讲气势如虹！

　　我梦想有一天，在佐治亚州的红色山岗上，昔日奴隶的儿子将能够和昔日奴隶主的儿子同席而坐，共叙手足情谊。

　　我梦想有一天，甚至连密西西比州这个正义匿迹，压迫成风的地方，也将变成自由和正义的绿洲。

　　我梦想有一天，我的四个孩子将在一个不是以他们的肤色，而是以他们的品格优劣来评价他们的国度里生活。

　　我今天有一个梦想。

　　我梦想有一天，亚拉巴马州能够有所转变，尽管该州州长现在仍然满口异议，反对联邦法令，但有朝一日，那里的黑人男孩和女孩将能与白人男孩和女孩情同骨肉，携手并进。

我今天有一个梦想。

我梦想有一天，幽谷上升，高山下降，坎坷曲折之路成坦途，圣光披露，满照人间。

这就是我们的希望。我怀着这种信念回到南方。有了这个信念，我们将能从绝望之巅劈出一块希望之石。有了这个信念，我们将能把这个国家刺耳争吵的声音，改变成为一支洋溢手足之情的优美交响曲。

套路，是语言的魔法调料包。巧妙运用各种套路，可以让表达更加生动有趣、更有说服力、更能引发情感共鸣。让我们一起探索套路的世界，解锁语言的无限可能吧！

套路排雷指南

　　生活就像一场游戏，而语言则是这场游戏中的"隐形陷阱"。你可能觉得自己在走一条平坦的大道，突然间，"砰！"你踩到了一个隐藏的陷阱。为了帮助大家从这个语言的迷宫中安然无恙地走出来，我们准备了一份"套路排雷指南"。通过这份指南，你将学会如何识别和规避那些隐藏在日常对话、广告宣传和媒体报道中的语言陷阱。让我们一起揭开这些套路的真面目，从此不再被忽悠！

话语中的"隐形墨水"

在我们的日常对话中，有些信息就像用隐形墨水写的，不直接呈现给你看，而通过预设和暗示进行传达。这种"隐形墨水"，悄无声息地潜入我们的思维，影响我们的观点和决定。

预设，就像是话语中的"隐形前提"，它会让听者在不知不觉中接受某些未被明说的内容。比如，有人问你："你什么时候才能停止偷懒？"这个问题显然有一个预设的立场，那就是你之前一直在偷懒，无论你如何回答，这个预设都已经被默认为真了。

暗示，则像是话语中的"隐形线索"，通过语

境或措辞让听者自行得出某种结论。如果老板在会上说："有些人总是迟到。"这句话虽然没有指名道姓，但在场迟到的人可能都会觉得老板是在说自己。

预设和暗示的问题在于，它们能绕过我们的理性审查，直接影响我们的认知和判断。它们不需要提供直接的证据或论证，而是通过语言技巧让听者无意识地接受某些观点，这使这些技巧在操控和误导中非常有效。

比如，某品牌洗发水的广告中有这样一个问句："你还在用普通洗发水吗？"仔细想想就会发现，这么短短的一句话居然预设了两个内容：其一，本品牌的产品不是普通洗发水；其二，其他品牌的产品都是不够好的普通洗发水。通过这个预设，广告不仅推销了自己的产品，还贬低了竞争对手的产品。

西方政客演讲中，也经常使用这种套路，比如，某位政客宣称："我一直坚决反对腐败。"这句话暗示了他的对手可能支持腐败，即使他并没有直接这样说。这种暗示在无形中削弱了对手的信誉，同时提升了自己在选民心中的形象。

预设和暗示在新闻报道中也很常见。例如，一则新闻标题是《采取何种手段才能扭转大型企业破坏环境的现状》。该标题预设了大型企业破坏环境，让读者认定这一说法，即使后续报道澄清了事实，预设的影响仍然挥之不去。

应对预设和暗示的影响，我们需要提高警惕，学会批判性思考。

对于预设，我们要学会识别并质疑，具体来说，当听到或看到一个陈述时，问问自己："这个陈述预设了什么？"识别出隐藏的前提，可以帮助你更清楚地看清事实。一旦识别出预设，不要马上接受它，问问自己："这个预设有根据吗？"通过质疑，你可以避免被误导。

对于暗示，我们要学会识别和独立验证，具体来说，要想识别暗示，我们需要注意那些没有直接说明但通过语气、措辞或上下文传达的信息。这些暗示可能会无意中影响你的判断。

独立验证要求我们在面对模棱两可的陈述时，尽量寻求独立的、可靠的证据来验证，不要仅仅依赖暗示的信息。

预设和暗示是很容易让人在不知不觉间掉进坑里的套路，它们通过隐藏的前提和不直接的表达影响我们的思维和判断。通过识别并质疑预设和暗示，我们可以更清晰地看到事实，避免被误导。下次当你听到一些似乎理所当然的话时，不妨停下来想一想："这里面有没有隐藏的预设或暗示？"这样，你就能更好地掌握对话的主动权，避免落入套路的陷阱了！

语言中的"迷雾弹"

在日常交流中，你有没有遇到过说话像打太极的人？听他们说话，总感觉云里雾里，摸不着头脑。比如，朋友跟你说："这个计划可能有点挑战，但我们会看到结果的。"他对这个计划到底是持乐观态度还是悲观态度呢？听者恐怕很难判断。这种模棱两可的说话方式，就是我们所说的"刻意模糊"。

刻意模糊，就像是语言中的"迷雾弹"，故意使用含糊或多义的语言，让听众无法抓住信息的真正含义，难以做出明确的判断。这种技巧常被用来回避责任、淡化问题的严重性或模糊立场，让对方无法抓住论点的核心，从而减少直接的反驳或者批评。

使用刻意模糊的语言，可能会导致沟通的不透明和误解，阻碍真实有效的信息交流。在公共演讲、政治辩论或商业广告中，这种套路尤其常见。它可以让说话者在表面上看似回应了问题，实际上却巧妙地回避了真正的核心议题。

比如，记者采访某位政客，问及经济政策的具体细节，他回答说："我们正在采取一系列前瞻性措施，以确保经济的持续稳定和长期繁荣。"这话听起来既正面又充满希望，但实际上并没有透露任何具体的政策内容或操作细节，听众仍然不清楚他将如何实现这一目标。

在商业广告中，刻意模糊也十分常见。例如，一个美容产品的广告可能会声称："帮你焕发自然美。"这种说法非常模糊，因为"自然美"这个概念本身就既抽象又主观，几乎可以被任何人以任何方式解释。

媒体报道中的刻意模糊同样普遍。报道可能会使用模糊的统计数据或不具体的描述，让人难

以把握信息的真实性。例如，一则报道称："一项研究表明，多数人支持这项政策。"但"多数人"这一表述是很模糊的，没有提供具体的数字或比例，使读者无法准确知道支持者的实际规模。

要应对刻意模糊，关键在于要求对方提供清晰、具体的信息。当我们发现别人在使用刻意模糊这一套路时，可以直接向对方询问具体细节，例如，"您能否具体说说有哪些前瞻性措施？"或者"您能否提供具体的研究数据来支持您的说法？"通过这样的追问，可以迫使对方提供更明确、具体的信息，或者揭露其语言中的空洞和缺陷。

刻意模糊是一种强有力的套路工具，它通过创造语言的迷雾让使用这一套路的人拥有更灵活机动的空间，但同时也可能误导听众，造成理解上的障碍。通过学习识别并应对这种套路，我们可以提高自己的信息筛选能力，避免被表象迷惑，实现更深层次的理解和沟通。这不仅有利于提升个人的批判性思维能力，也能帮助我们成为一个更加精明的信息消费者和讨论参与者。

中立外衣下的"隐形偏见"

　　你有没有遇到过这样的人，他们在讨论时总是摆出一副超然物外的姿态，声称"我没有任何偏见，都是本着实事求是的态度"。乍听上去，他们似乎特别客观公正，但实际上，他们的话里话外、字里行间却可能暗藏着巨大的偏见，这就是假装客观的典型表现。

　　假装客观是一种套路，它就像是给一只凶猛的狼披上了一身羊皮，把自己伪装得人畜无害。使用这种套路的表达者，看似中立、客观，但实际上却通过选择性的信息、隐含的态度以及巧妙的措辞来传递个人偏见。

假装客观的问题在于，它欺骗了听众或读者，使他们误以为所接收的信息是公平公正、毫无偏见的，但实际上这些信息可能已经被扭曲。这样，"被套路"的一方就会变得非常容易被误导，并由此做出不准确的判断或决策。

相信你一定见过不少下面这种新闻报道，标题用明晃晃的大字写着"××大厦据称可能涉嫌消防隐患"。这个标题看起来似乎在陈述一个客观事实，但细细一想就会发现，"据称"和"可能涉嫌"这两个词，表面上似乎体现了报道的严谨认真，但实际上却恰恰说明了这一报道的真实性还有待确认，给读者留下了极大的想象空间和怀疑余地。

尤其是在涉及敏感话题时，记者或编辑可能会用"某些人认为""有观点指出"之类的措辞，这种措辞看似中立，实际上却有推卸责任之嫌，同时也是在通过暗示的方式向读者输入某种有倾向性的观点。

再如，某些商家在宣传它们的产品时，常会

用"业内人士评价"这种模糊的表述，看似是引用了权威意见，但实际上没有提供具体来源。这样的套路，巧妙地利用了消费者对权威意见的信任，而实际内容却未必客观可靠。

破解假装客观的套路，需要我们提高警惕，学会辨别语言背后的真实意图，具体来说，可以从质疑来源、寻找细节、对比观点和独立思考四方面着手。

质疑来源就是当你看到"据称""某些人认为"之类的模糊措辞时，不妨问问对方：这些信息的来源是什么？有没有具体的证据支持？

寻找细节能有效破解假装客观的套路，是因为客观的信息通常会提供具体的细节和背景资料，而非笼统的概括、模糊的总结。多问几个"为什么"和"怎么知道的"，可以帮助你挖掘出隐藏的偏见。

对比观点就是多寻找几个不同来源的报道，特别是立场不同的媒体的报道，认真进行对比，可以帮助你发现某一报道中的倾向性和潜在偏见。

独立思考要求我们不轻易接受任何表面看起来客观的信息，学会独立分析和独立判断，通过多方信息核实，形成自己的观点。

总之，假装客观是一种相当巧妙的套路，它可以让一些观点表面上看起来公正中立，实际上却暗含偏见和操控。通过学习识别并应对这种套路，我们可以更清醒地看待信息，不被表面的客观公正所迷惑，做出更理性、更准确的判断。下次当你听到或看到某人"实事求是地看问题"时，不妨多留个心眼儿，看看他的话语中是否藏着"狼"的影子。

思维的"隐形开关"

　　在我们的日常交流中，有些词语或者句子就像隐形开关，只要稍稍一按，我们的大脑就会自动进入某种特定的思维模式。比如，一听到"限时优惠"，很多人就会不由自主地产生一种立即前去购买的紧迫感，想赶紧行动起来；提到"最后机会"，难免会觉得机不可失，得牢牢抓住。这就是"启动效应"这个简单却有效的套路的魔力！

　　启动效应是一种心理学现象，通过提前给人进行心理暗示，使得他们在后续信息处理过程中，倾向于按照被暗示的方向思考或做出反应。使用启动效应这一套路的人，往往会通过特定的词语、

短语或情境布置，影响对方的心理状态，让对方更倾向于接受某种观点或做出某种决定。

想象一下，你走进了一家餐厅，菜单上有一个菜品旁边标着"厨师推荐"四个字。你的思维在看到这个小小的标签时就启动了，觉得这道菜可能比其他菜更特别、更美味。你很可能会要求服务员向你重点介绍一下这道菜，或者干脆直接点这道菜。

启动效应的关键在于它利用了人类的认知习惯——人类在处理信息时，往往会受到先入为主的信息的影响。一旦我们的大脑被某种特定的信息"启动"，我们处理相关信息的方式就会倾向于沿着这个预设的轨迹运行。

广告业从业人士非常擅长利用启动效应影响消费者的购买决定。例如，通过在广告中插入幸福家庭的画面，启动人们对幸福和温馨的联想，使得相关产品（如家居用品）显得更加吸引人。

政客也是利用启动效应的高手，他们在演讲中可能会刻意使用诸如"自由""正义""侵犯"

之类的词汇来启动并调动听众的特定情绪，以此增强其言论的感染力。

你可能想不到，其实老师在课堂上也会用启动效应来引导学生的思考方向。比如，在学到《鸿门宴》的时候，语文老师可能会问："如果你是项羽，你会轻易放走刘邦吗?"以此启发学生将自己置于历史情境之中，激发他们的同理心，引导他们进行创造性思考。

启动效应这一套路既能带来好的启发，也能带来负面暗示，如果被滥用，很有可能导致思维的偏颇。面对潜在的启动效应，我们可以通过提高意识水平、寻求更多信息、培养批判性思维的能力来保护自己的思维少受负面影响。

所谓的提高意识水平，就是要意识到启动效应的存在，这是防范其潜在负面影响的第一步。知道自己可能被某些词汇或情境"启动"后，你可以对自己的判断是否受到了"启动效应"的影响有更好的觉知。

寻求更多信息，是指在做出任何重要决定前，尽量获取更全面的信息，不要只依赖于那些激发了你情绪的启动信息。

最后，还要培养并提高批判性思维的能力，对任何信息都进行独立的思考和评估，尤其是在面对情绪化信息时。

启动效应就像是一个有色眼镜，它不显山不露水，却能改变我们看待世界的方式。通过了解和应用启动效应，我们不仅可以提高自己的语言技巧，还能更好地识别并防范别人在语言中可能对我们进行的心理操控。所以，下次当你感到某种强烈的情绪反应时，不妨停下来问一问自己：我的情绪是不是被什么词语或者句子"启动"了？

现实生活的"滤镜"

想象一下，你走进一家超市，想要选购一款橙汁，两瓶外观几乎一模一样的橙汁映入你的眼帘，其中一瓶标着"含有10%人工添加剂"，另一瓶则标着"天然成分高达90%"。尽管从成分角度来说，这两种说法并无区别，但你大概率还是会选择第二款橙汁。这就是框架效应的魔力——同一信息的不同表述，可以让人做出截然不同的反应。

框架效应是一种常见套路，它告诉我们，信息的呈现方式和信息本身同样重要。也就是说，人们对信息的反应不仅受到内容本身的影响，也

学会识别和理解框架效应，可以帮助我们在信息时代保持清醒的头脑。

受其呈现方式的影响。

框架效应在我们的生活中几乎无处不在，在方方面面操纵着我们的选择和判断。假如你生病住院需要手术，主治大夫说"手术有90%的成功率"或者"手术有10%的失败风险"，你更喜欢听哪一种呢？尽管这两种说法从概率学的角度来说是完全相同的，但听上去的感受却截然不同，相信大部分听到"90%的成功率"的人都会觉得稍稍安心，而听到"10%的失败风险"的人则会担忧不已。

在广告中，框架效应可以使某些产品看起来更具吸引力。例如，健身俱乐部的广告称："加入我们，8周内减重成功率高达80%！"相信大部分看到这个广告的人都会觉得这个俱乐部很不错。不妨设想一下，如果俱乐部把广告语换成"加入我们，8周内只有20%的人可能减重失败"，你还愿意加入这个俱乐部吗？

在新闻报道中，框架效应也经常被用来塑造公众对事件的看法。比如，一个关于经济衰退的报道，如果使用"挑战"来描述当前的经济状况，那就很可能激发公众的积极性；如果使用"危机"一词，引发的大概率就是公众的恐慌或悲观情绪了！

其实，识别并理解框架效应并不难，完全可以从下面三方面入手：一是多角度审视，即训练自己从不同角度审视同一信息，并尝试重构信息框架，看看是否会对我们的判断和决策产生影响；二是培养并提高批判性思维能力，了解信息背后的完整数据和事实，不被表面的言辞所迷惑；三是全面评估，也就是说在评估某项政策或者某个产品时，尝试考虑其正面和负面的不同表述，看哪种表述更能对你的决策产生影响。

框架效应揭示了语言表达方式对我们认知的深远影响。通过学习识别和应用这一套路，不仅可以提高自己观点的说服力，也能更好地理解和分析他人的话语。下次当你面对同一信息的不同表述时，不妨停下来想一想：这个信息背后的框架是什么？它是如何影响我的判断的？相信这样的思考一定会帮助你在复杂的信息环境中保持清醒和理性的头脑。

思维的"情感快门"

  假如你正在看电视，屏幕上播放了一则香水广告，画面上是一个在阳光下开着跑车的美丽女郎，背景音乐激昂，广告词是"自由的味道"。突然间，你心动了，感觉这款香水似乎与自由、冒险、自信紧密地联系在了一起。这就是"制造联想"的魔法——一种通过触发特定情感反应来增强说服力的套路。

  制造联想就是通过听觉、视觉等形式，在听众或观众的脑海中建立某些联系，激发特定的情感或认知反应。这种手法在广告、演讲中屡见不鲜，它利用我们的情感和下意识反应，而非理性

自由的味道

在电视广告的魔法中，制造联想就像是一把情感的画笔，轻轻勾勒出我们心中的图像和感受。学会识别和应对这种套路，可以帮助我们在信息时代保持清醒的头脑。

判断，影响我们的思考和决策。

当然，制造联想既能制造正面联想也能制造恶意联想。商业广告往往会利用正面联想来激发消费者的购买欲，比如，汽车广告常常将车辆与成功、自由、豪华的形象联系在一起，向消费者呈现成功人士驾驶豪车的画面，使消费者不自觉地将这些品质与汽车品牌联系起来。

在西方的选举竞争中，常常会利用恶意联想，通过暗示对手与负面事物的联系来削弱对方的形象。例如，将不和谐的音乐和负面词汇与对手的照片结合，即便没有事实依据，也能在观众心中种下负面情绪的种子。

新闻报道也常见制造联想的做法，媒体报道通过选择性地展示画面或使用特定语言，引导观众的情感反应和立场。在国际冲突报道中，展示某一方受害者的画面和激烈语言，可以塑造观众对另一方的负面看法。

要应对制造联想这一套路，可以采取以下措施：

一是识别联想。当接触到广告或信息时，问问自己，它试图让我联想到什么？这有助于我们意识到这种套路的存在。

二是批判性思考。保持冷静，分析这些联想是否有事实依据。例如，对于将商品与理想中的美好生活联系在一起的广告，要理性地思考这是否真实可行。

三是寻找多元信息来源。争取获取不同来源的信息，避免被单一视角或情感操纵所左右。

制造联想通过情感的画笔在我们心中勾勒出各种图像和感受，仿佛摁下了我们思维上的"情感快门"。理解并识别这一套路，不仅能帮助我们抵御潜在的操纵，还能提高我们的沟通能力。无论是在日常对话、商业营销还是公共演讲中，我们都要学会运用制造联想，而不是被这种套路掌控。

语言的"特效药"

你是否曾被一句"这是世界上最好吃的披萨"所吸引，决定尝试一家新餐厅？或者因为"这部电影将改变你的生活"而走进电影院？如果答案是肯定的，那你就进了"简化与夸张"这种套路设下的陷阱了！简化与夸张通过简化或放大信息的方式迅速抓住人们的注意力并激发人们的兴趣，由此成为广告和演讲中的强大工具。

简化是通过缩减复杂问题来影响人们的理解或判断。而夸张则是故意夸大事实，引发强烈效果或给人留下深刻印象。这两种套路是一对好朋友，经常携手出现，目的就是增强表达效果、提高说服力、强化记忆点。

在增强表达效果方面，简化让信息直截了当，易于接受和理解；夸张则通过超乎寻常的描述激发情绪，使信息更加生动难忘。

在提高说服力方面，简化可以去除冗余，聚焦关键点；夸张则能强化这些关键点的重要性。

在强化记忆点方面，人们更容易记住极度简化或被夸大的信息，因为它们在众多信息中最突出或最容易被人记住。

比如，在洗涤剂广告中，可能会使用"一触即发的清洁能力"之类的文案，虽说这种洗涤剂的实际清洁效果可能和普通洗涤剂并无本质区别，但这种夸张的表达方式带来的心理效应会使消费者更愿意相信该产品具有超常的清洁能力。

在日常交流中，我们可能会听到朋友说："我都等了你一个世纪了！"当然，他们实际上只等了15分钟，但这种夸张的说法表达了他们望眼欲穿的等待和内心深处的不耐烦。

虽然合理使用简化与夸张的套路能取得一定

成效，但过度依赖这些技巧也会带来问题，譬如误导听众或者扭曲事实。因此，在接触这类信息时，我们需要培养批判性思考能力：

首先，要评估信息的真实性。遇到简化或夸张的陈述时，记得问问自己："事实真相究竟是什么？"一定要尽可能地查找额外的信息来源和证据来验证这些陈述。

其次，要识别潜在的偏见。思考使用这些套路的人可能有哪些目的，认真思考一下他们是想激发某种情感，还是试图隐藏信息的其他方面？

最后，要保持怀疑的态度。对那些"听起来很美好但几乎不真实"的声明保持警觉。通常，如果某件事听起来不可思议，那么它可能确实不太靠谱。

简化与夸张是语言表达中的"特效药"，能够让信息更加生动、有趣并易于传达。然而，作为一个聪明的听众或读者，了解这些套路是如何运作的及其潜在的影响，可以帮助我们更精准地解读信息，避免被误导。在我们继续探索更多套路技巧的旅程中，保持批判性思维是至关重要的——这不仅能帮助我们更好地理解和使用这些套路技巧，还能使我们在信息泛滥的世界中保持清醒的头脑。

文字的"情绪调色板"

当我们谈论一个人、一个地方或一个事件时，我们使用的词汇并不只是用于冷冰冰地传达事实，而是会为每个词都添加上情感色彩，这些色彩能够深刻地影响听众的情绪和反应。这就是"语言的情感载荷"，这种套路会在无形中引导听众的情感，影响听众的判断。

利用语言的情感载荷指的是使用带有强烈情感色彩的词语来激发听众的情绪。这些色彩可以像阳光一样温暖，如"勇敢""幸福""庆祝"中蕴含的色彩，也可以像冬风一样寒冷，如"灾难""失败""痛苦"中蕴含的色彩。这些词语不仅描述了事物，更潜移默化地影响了我们对事物的情感态度。

接下来，请认真读一下下面两个句子——"他在辩论中非常坚持己见"和"他在辩论中非常固执己见"，比较一下这两种表述方式的情感色彩有何不同。尽管"坚持"和"固执"可能在描述相同的行为，但"坚持"带有积极的情感色彩，暗示着坚定和理性；而"固执"则带有负面情感色彩，暗示着不理智和难以沟通。

语言的情感载荷这种套路的作用在于它可以引导甚至操纵听众的情绪，使听众在没有充分理性分析的情况下，就形成对某个人或某个事物的好恶。这种情感的引导和操纵常见于政治演讲和广告中，往往通过情感色彩强烈的语言，快速构建起公众对某些事件的感知和态度。

在政治演讲，尤其是西方的领导人竞选演讲中，情感载荷的语言使用尤为明显。政客常用带有强烈情感色彩的词汇来描述对手，宣称对手为"腐败的"或"懦弱的"，这样的词汇会让听众在没有深入了解详细事实的情况下，立马产生对这些人的负面印象。

语言的情感载荷就像是一缕温暖的阳光，轻轻拂过我们的心田。学会识别和应对这种套路，可以帮助我们在日常交流中保持清醒的头脑。

在广告中，语言的情感载荷同样起着决定性的作用。比如，广告中常用"纯净""天然"等词汇来描述食品，这些词汇会在消费者心中唤起健康和安全的感觉，增加产品的吸引力。

要识别和应对语言的情感载荷，我们需要保持警觉和批判性思维，分离情感词汇，关注实际内容和逻辑。当我们听到某个词汇或表述时，可以尝试问自己几个问题：这个词是如何影响我对信息的感受的？如果换用一个情感色彩较少的词汇，我的反应会不会不同？这种表述是否试图绕过我的理性判断，直接引导甚至控制我的情感，促使我做出判断决策？通过这样的分析，我们可以更清晰地看到语言背后的意图，避免被情感的流动所左右，做出更加理性的判断。

语言的情感载荷总是悄无声息地影响着我们的情绪和决策，所以，在日常生活中，无论是阅读新闻、听取言论，还是观看广告，我们都应时刻警惕这种套路的潜在影响。通过增强对语言的情感载荷的识别和理解，我们可以更加自主地控制自己的情感反应，做出更加明智的选择。

套路中的"情绪魔术师"

　　在套路的世界里，情感操纵是一种特别有力的工具，它能够直接触及人们的心灵深处，促使人们采取行动或改变看法。所谓情感操纵，是指利用人们的情感反应来说服他们接受某种观点或采取某种行动。

　　在所有情感操纵中，激发恐惧是最为强烈和直接的一种形式。它通过描绘某种潜在的危险或不幸的后果，激发听众的恐惧心理，促使听众为避免这种后果的发生，采取操纵者想让他们做出的行为。

　　恐惧是人类最原始也最强烈的情感之一。激

发恐惧被用作套路时，很可能会导致过激的情绪反应，使人们在高压的情绪状态下做出非理性的选择。这种策略经常被用在政治宣传、广告以及公共健康领域，有时会导致不必要的恐慌或歧视。

西方领导人竞选时，候选人经常使用激发恐惧的手段来抹黑对手。比如，一些政客声称，如果对手当选，国家就会陷入经济崩溃或社会动荡，通过夸大对方政策的负面效果，让选民产生恐慌，使其相信只有投票给自己，才能避免灾难的发生。

健康广告也经常使用激发恐惧的手段，比如，在保健品广告中，常常展示缺乏某种营养物质可能导致的严重健康问题，试图通过激发恐惧来促使消费者购买保健品。

媒体报道也会使用激发恐惧的手段，往往通过放大特定事件的负面影响或可能性来吸引观众关注。例如，在报道疾病暴发时，媒体可能会不断强调最坏的情况，无论这种情况发生的可能性有多小，都能有效地吸引眼球，但同时也可能造成不必要的恐慌。

识别并应对激发恐惧的关键在于意识到自己是什么时候、如何被操纵的。我们需要批判性地分析引起恐惧的信息是否真实可靠，并判断那些激发恐惧的论断背后的逻辑是否稳固。

在面对可能激发恐惧的信息时，我们应该寻找可靠的信息源，对比不同来源的信息，看是否说法一致；应该保持情绪稳定，不让恐惧主导我们的决策过程；还可以询问专家的意见，了解实际的风险有多大，以及如何有效地应对。

情感操纵，尤其是激发恐惧，是套路中一种强有力但需要谨慎使用的策略。它在各种场合都有可能被滥用，影响我们的理性判断。

通过提高自身的信息识别能力和批判性思维水平，我们可以保护自己不受无端的恐惧驱动，做出更明智的选择。这不仅是个人的技能，更是作为社会成员的责任。

差异的"放大镜"

在日常生活中，我们经常使用对比来增强表达效果，突出差异或矛盾。这种套路能够让观众更加清晰地看到事物的不同之处，从而更好地理解论点，就像在展示一张黑白分明的图片，让人一目了然。

对比就是强调两个或更多事物之间的差异。例如，一个数码产品公司的 CEO 说"某公司的产品虽然价格有优势，但性能很落后，而我们的产品不仅价格公道，性能也很优越"时，就是在通过对比两个公司的产品，来突出自己公司产品的优秀。

对比有时可以操纵别人对某一事物的理解，甚至造成误导。例如，有些广告故意夸大产品的优点和竞品的缺点，通过不公平的对比来误导消费者。因此，我们需要学会识别这些套路，以避免被误导。

在竞选演讲中，对比也是常见技巧。例如，一个候选人可能会说："我们的对手只会承诺，却从不兑现。而我们，不仅承诺，更会实际行动。"这里，通过对比两者的行为，强调了自己的可靠和对手的不可信。

在文学作品中，对比同样应用广泛。《红楼梦》中的林黛玉和薛宝钗就是一个对比组，她们一个体弱多病、聪慧伶俐，一个健康稳重、圆滑世故。通过对比，作者不仅突出了两人的不同性格，也加深了读者对人物的理解。

媒体报道中，对比被频繁使用来引导读者的观点。例如，在报道经济政策时，媒体可能会比较不同国家的经济增长率，以此来评判某项政策的有效性。如果一家媒体想要支持某项政策，可能会选择与经济增长缓慢的国家对比，反之亦然。

　　商业广告中，对比更是随处可见。例如，一个洗衣粉广告可能会展示使用前后的衣物变化，通过鲜明的对比，强调产品的清洁能力。虽然这种对比能直观展示产品效果，但我们需要警惕，这些对比是否经过夸大或选择性展示。

　　面对对比，我们需要保持理性和批判性思维。首先，质疑对比的公平性和准确性：是否所有的因素都被考虑了？对比是否存在偏见？其次，我们可以寻找更多的信息来源，以便更全面地了解事实。

　　在与他人的交流中，如果对方使用对比来论证自己的论点，我们可以追问："这个对比是否全面？有没有其他方面的对比？"引导对方提供更多的信息，帮助自己做出更客观的判断。

　　对比是强大的套路，可以让信息呈现更生动、更有力。但同时，它也可能被滥用或误用，引发误导或误解。通过理解和识别这种手法，我们可以更好地分析信息，不被表面的差异所迷惑，从

而做出更加明智的决策。下次当你和这种套路狭路相逢的时候，不妨停下来思考一下："这个对比是否合理？有没有被忽略的因素？"如此一来，你一定可以透过对比的表象，更加透彻地理解事物的本质。

第二部分

探索
逻辑世界

逻辑的三大基石

想象一下，在一个阳光灿烂的夏日午后，你正享受着冰淇淋的清凉，突然有人说："下大雪啦！"你可能会瞪大眼睛，心里想："这人是不是在逗我？"这就是逻辑思维在起作用——你知道夏天是不可能下雪的，所以这个说法听起来就不合逻辑。

逻辑一词源自古希腊语"logos"，本义是理由、理论或者原理。它就像是我们生活中的"理性放大镜"，帮助我们分辨哪些话靠谱，哪些话纯属胡扯。

设想一下，如果世界失去了逻辑，那会是个

什么光景？天气预报员可能会告诉你："明天空气湿度低，所以会有大暴雨。"没有逻辑，人与人之间的交流就会充斥着误解，变得混乱不堪。

逻辑不仅是科学研究的基础，而且是我们沟通交流、做出决策的重要工具。那么，逻辑到底是什么呢？逻辑是指事物的规律、秩序等，也指人类思考和论证的规律、规则。它是由三大基石构成的，分别是命题、推理和论证。

命题是逻辑的积木，它是一个可以被验证真假的陈述，所以命题又可以分为真命题和假命题。比如，"猫是哺乳动物"，这就是一个真命题；而"鱼是哺乳动物"，则是一个假命题。

推理是从已知的命题出发，推导出新结论的过程。比如，我们知道两个命题，一是"所有鸟都有羽毛"，二是"企鹅是鸟"，那么我们就可以由这两个命题推理出"企鹅有羽毛"这一结论。

论证是逻辑的高楼大厦，它通过推理来支持一个论点。一个有效的论证需要两个前提，一是前提正确，二是推理过程合理。比如，"所有果汁

都含糖；橙汁是果汁，所以橙汁含糖"，这个论证就很有说服力。

　　磨刀不误砍柴工，知道了构成逻辑的三大基石，认识了逻辑的原理，我们就能学会如何构建有力的论证，识别并避免日常生活中的逻辑谬误。逻辑就是我们理解世界、表达思想的利器。掌握了逻辑，我们就能像侦探一样揭露真相，像辩论高手一样赢得争论。当你下次再听到不合逻辑的言论，就能机智地说上一句："这逻辑不通呀！"

逻辑谬误是个啥

掌握了逻辑的基础知识，我们就像是拿到了一把钥匙，可以开启理性思考的大门。但别忘了，即使是最熟练的锁匠，也可能在开锁时碰到棘手的难题。在逻辑推理的世界里，这些难题就是所谓的"逻辑谬误"。它们就像是隐藏在思维迷宫中的陷阱，一不小心就会让人掉进去。

逻辑谬误就是在论证过程中出现的那些小把戏，它们可能因为错误的推理或者不靠谱的信息，让一个论点看起来似乎很有道理，但实际上却站不住脚。

我们可以把逻辑谬误想象成一群小妖精，总

会在你不经意的时候跳出来捣乱。有些逻辑谬误像是可以被一眼看穿的小丑，比如，有人说："所有人都会犯错，所以我们应该原谅所有犯罪行为。"这个逻辑明显是站不住脚的。但还有些谬误就像是一群擅长伪装的忍者，它们隐藏在复杂的论证之中，不仔细分析还真不容易发现。

我们可以大致把逻辑谬误分为形式逻辑谬误和非形式逻辑谬误两大类。

形式逻辑谬误就像是数学题目中的计算错误，即使所有的前提都是对的，得出的结论也可能是错的。这种谬误在数学或逻辑学中特别常见，因为这些领域对推理的严密性要求极高。

非形式逻辑谬误则像是生活中的小插曲，它们通常涉及内容上的错误，比如，前提本身就是错的，或者在推理过程中用了不相关或者不充分的证据。这种谬误在日常生活中最为常见，也更难识别，因为它们往往和语言表达、情境理解有关。

逻辑谬误广泛存在于我们的日常生活之中，

在个人生活决策、公司商业策略制定，甚至在国家政策的制定中，识别并避免这些逻辑谬误都是至关重要的。比如，在制定商业策略时，如果依据的是不靠谱的市场分析，那么即使逻辑推理再严密，最终的策略也可能一败涂地。

接下来，我们将一起踏上逻辑的探险之旅，逐一揭秘那些常见的逻辑谬误。我们会通过生活中的例子来展示它们的真面目，教大家如何识破它们的伪装。掌握了这些技巧，不管是在和朋友辩论，还是在分析新闻、评估商业提案时，你一定能更加敏锐地发现逻辑陷阱，进而运用强有力的论据、严密的论证支持自己的观点。让我们一起成为逻辑的侦探，逐一揭开逻辑谬误的神秘面纱吧！

逻辑谬误排雷指南

    逻辑谬误就像是思维的隐形地雷，我们不经意间就可能踩中。了解这些常见的逻辑谬误，就像是给我们的思维穿上了防弹衣，让我们在日常生活、学术研究或职场决策中，能够更加机智地避开这些危险。下面，我们就来一探究竟，看看这些谬误究竟"谬"在何处，以及如何精准识破并处理这些逻辑谬误吧！

专家说的就是对的

在我们的日常生活中，是不是经常听到这样的话："专家都说了，这玩意儿简直是神器！"或者"研究显示，这招儿效果杠杠的。"

这种说法乍一听似乎很打动人心，毕竟，专家的话，总得信几分吧？但先停一下，这样的说法里头隐藏着一个大大的逻辑陷阱——诉诸权威谬误。

想象一下，你正在被一个自称"权威"的家伙洗脑，他说啥你都信，这可不就是诉诸权威谬误嘛。

这个陷阱在于，你被专家的名头给唬住了，

忘了去深究论点本身的逻辑和证据。

专家们也是凡人不是神仙，也会瞌睡打盹儿，甚至可能因为某些不可告人的目的而说假话。如果我们只是盲目地跟着专家走，那很可能会忽视一大堆其他证据，最终掉进错误决策的陷阱里。

比如，因为一个股市分析师的名气大就盲目信任追从，那么他的一次不靠谱的预测，极有可能会导致跟风之人钱包大出血。

在医疗界，这种诉诸权威的把戏更是屡见不鲜。某些保健产品的广告，动不动就搬出这个专家或者那个名医，好像这样就能让人信服。但如果这些广告并没有硬核的科学依据作为支撑，只是卖通了专家，让他们说出违心的广告语，那陷入诉诸权威谬误的消费者就极有可能会买到一些名不副实甚至有害的产品。

媒体在报道一些复杂问题时，也很喜欢用这招。它们经常引用专家的话来给报道增色，但如果不把背景信息讲清楚，或者只报道一方专家的偏颇分析，那可就太容易误导公众，让公众陷入诉诸权威的谬误之中了!

破解诉诸权威谬误,关键在于培养自己的独立思考能力和批判性分析能力。下回再听到"专家说"的时候,不妨先停下来,认真思考一下接下来的三个问题:

这位专家的背景和他说的这个话题有多大关系?

有没有其他专家持不同意见?

这个观点有没有足够的证据支撑?

这三连问,可以让我们静下心来,对信息进行理智的评估,而非被"专家"的名头牵着鼻子走。

诉诸权威是我们生活中屡见不鲜的一大逻辑陷阱。学会识别和质疑观点背后的证据,不仅能帮我们避免掉入逻辑陷阱,还能帮助周围的人更理性地看待信息。

下次再有人用"专家说"来忽悠你,你可就有招儿了!

赢了虚构的稻草人
就是赢了对手

想象一下，你在一场辩论中，正准备展示你的观点，对手突然跳出来，开始攻击一个和你的观点听起来有点儿像，但实际上完全不是那么回事的"观点"。这简直就是"稻草人谬误"的现场直播！

所谓的稻草人谬误，就是辩论者 A 故意曲解辩论者 B 的观点，制造出一个似是而非但容易攻击的稻草人，然后对着这个稻草人大打出手。从结果上来看，辩论者 A 似乎赢了辩论，毕竟打败一个由自己虚构出来的似是而非的稻草人总比打败一个真实的观点要容易得多。

新闻报道中或者辩论赛上，我们时常会听到环保主义者说："我们应该减少汽车的使用，以减轻空气污染。"他们的对手往往会回应说："我的对手认为我们应该禁止使用汽车，这压根儿不切实际！没有汽车，我们生病了怎么能迅速抵达医院？怎么准时去上班？"想必聪明的你已经发现了，这就是典型的稻草人谬误：环保主义者的对手把减少使用汽车曲解成了禁止使用汽车。

稻草人谬误在日常生活中和辩论赛场上都相当流行，究其原因，无外乎两个：一是这种思维谬误可以简化问题，在稻草人谬误的加持下，复杂问题一下子就变得简单了，可以让对手的观点一听就很荒谬，根本不值得费心考虑；二是稻草人谬误其实涉及了情感上的操纵，因为当一个观点被描述得极端甚至荒谬的时候，听众会自然而然地产生反感情绪，从而更容易被相反的观点说服。

在西方的政治博弈中，稻草人谬误更是屡见不鲜。譬如，在讨论社会福利政策时，支持者强调自己的初衷是帮助那些真正需要帮助的人，而

反对者却会大肆宣传说："他们只是想给所有人免费发钱，这显然会让人们变得懒惰。"了解稻草人谬误本质的人一听就知道，这显然扭曲了支持者的原始论点。

　　既然稻草人谬误如此常见又如此能调动大众情绪、操纵大众情感，那么面对企图用稻草人谬误误导大众的对手，我们又该如何处理呢？其实办法很简单，一是澄清和重申，坚持讨论基于事实的、准确表述的立场，不要被对手带偏；二是指出对手的谬误，也就是向对方和大众明确指出这种谬误的存在，维护辩论的真实性和公正性。

　　稻草人谬误是一种常见的逻辑陷阱，它通过扭曲对方的观点，制造出一个容易攻击的假象。要识别和反驳这种谬误，我们需要以事实为依据，以逻辑为武器，用精准的语言表达自己的观点，反驳对方的观点。下次遇到有人似乎在"打稻草人"时，记得竖起耳朵、擦亮眼睛，仔细分析他提出的论点，看看他的论述是否真的对应了你的真实观点！

不是黑就是白

　　虚假二元选择，听上去不好理解，其实跟生活中的"非此即彼""非黑即白"的游戏差不多。这种逻辑谬误就像魔术师的帽子，只给你限定两个选择，把其他可能的选项全都偷偷藏了起来。

　　想一想，如果有人对你说"你要么成为工作狂，要么就是不认真"，你会作何感想？现实生活中除了黑与白还有许多灰色的中间地带，纷繁复杂，不是只有两个极端。

　　虚假二元选择，也被称为"黑白谬误"或"二分法谬误"，它通过人为地简化问题，忽略了其他可能的选择，误导了我们的决策和论证。

想象一下，某天，你的好友突然一本正经地对你说："如果你不支持我，那你就是我的敌人。"这话是不是听上去很极端？其实，这种极端就是虚假二元选择的典型表现——它剥夺了中间立场的可能性，把我们生活的复杂世界简化成了非黑即白的二元选择构成的世界。

虚假二元选择也是政客们常用的逻辑陷阱。政客们可能会说："我们要增加军事开支，否则就会导致国家安全面临威胁。"这是典型的"非此即彼"逻辑陷阱，因为它忽略了提高效率、重新分配资源等多种可能的解决方案。

在日常生活中，类似情况也很常见。比如，某位医学生正在为自己的职业选择而纠结，一心盼望他做医生的家长很有可能会说："你要是不成为一名医生，就会一事无成。"这显然忽略了其他无数有价值的职业选择。

某些媒体在报道争议话题的时候，也会使用这种手法来把复杂问题简单化，以增强新闻的冲击力。例如，在讨论环保政策时，报道很可能出现如下陈述："要是不禁止所有工业活动，污染就会无限制地加剧。"这种极端化的表述忽视了在环保与发展之间找到平衡的可能性。

那么，我们应当如何快速识别并应对虚假二元选择的谬误呢？还记得吧，这种逻辑谬误的关键就在于过度简化的对立思维，所以，我们遇到类似情形时，需要马上对自己进行三连问：

这种简化成立吗？

为何要局限在这两种选择中？

还有没有其他的选择？

通过上述带有批判性的追问和思考，我们可以轻松打破二元对立的局面，开启更为全面和深入的讨论。这不仅有助于我们在个人决策中做出更明智的选择，也能帮助我们在公共讨论中构建出更富建设性、更具包容性的对话。

总而言之，虚假二元选择就是通过将复杂问题简化为两个极端选项，对我们的判断和决策进行误导。通过识别和应对这种谬误，我们可以拥抱更加复杂和多样的世界，做出更加全面和理性的选择。

　　所以，下次当你面对看似只有两种选择的情况时，别忘了问自己一句，真的只有"这个"和"那个"两个选项吗？

一发而不可收拾

　　滑坡谬误，顾名思义，说的就是你一旦踩上了第一块滑溜溜的石头，就会一路滑到底，根本停不下来。这的确是滑坡谬误的核心：假设某个行为一旦开始，就会不可避免地导致一连串负面事件，最终达到一个极端的、不可接受的后果。

　　试想一下，你的朋友忧心忡忡地对你说："如果我们允许学生在课堂上使用手机，那他们就会开始玩游戏，导致成绩下降，最终引发教育系统崩溃的恶果。"这个听起来颇为夸张的说法正是滑坡谬误的典型表现。

　　认真想一想就会发现，滑坡谬误的问题在于，

通过描述某种行为必然导致灾难性的结果来吓唬人，以达到"不战而屈人之兵"的效果，不过，这些结果往往建立在非常薄弱甚至完全没有根据的假设上。这样的论证忽略了人在事物发展过程中具有做出调整或者干预的能力，也没有考虑到事件发展可能受到多种因素的影响。

稍微思考一下就知道，允许学生在课堂上使用手机，并不一定会导致教育系统的崩溃。这种过度简化的思维忽视了教师、学校政策的调节能力以及学生自身的自律能力。

许多看过《水浒传》的读者肯定听到过这样一种说法："要是潘金莲那天没有打开窗子，那么支窗户的棍子就不会掉下去砸中西门庆，西门庆和潘金莲就不会认识，武大郎就不会死。"这一连串的论证就是滑坡谬误的典型表现，因为它夸大了每个环节的因果关系，把可能性结果当成了必然性结论，并逐一叠加，得出了不合理的结论。

在个人决策中，滑坡谬误也可能出现。例如，一个人可能会担心，如果他开始做兼职工作，可能就没有时间和朋友相聚，进而导致社交生活的完全崩溃。

某些媒体也是使用滑坡谬误的高手，经常用这一思维陷阱来制造耸人听闻的报道，以吸引读者的注意。例如，在气候变化相关的报道中，很有可能会出现这样的字眼："如果不立即采取行动，地球将在未来几十年内变得不适宜人类居住。"

为了避免陷入滑坡谬误的思维陷阱，就要学会质疑事件和事件之间的必然联系，可以在脑海中问问自己：这一系列事件之间的联系究竟有多紧密？是否存在可能中断这一连串反应的事件？是否有充分的证据支持这种极端结果会发生？

当然，寻找反例也是反驳滑坡谬误的有力方法。如果可以找到一个例子，证明即使采取了初步行动也不会导致灾难性的后果，那么就能使滑坡论证的说服力和可信度大大降低。

滑坡谬误在于它通过描述某种灾难性的后果一定会发生来操纵听众的情绪、引导听众的选择，而非用坚实的证据和缜密的逻辑说服听众。通过识别、分析滑坡谬误，理清事件之间的关系，我们完全可以避免因恐惧而做出不理智的决策，用更加客观和理性的态度去评估不同的选择及其带来的后果。下次再遇到这种"一发而不可收拾"的论断时，记得保持头脑清醒，问问自己这条滑坡是否真的存在。

因为我没错，
所以我是对的

　　循环论证，这名字听起来就像是在原地打转，实际上，它也的确是一种逻辑上的自我循环。

　　用一句通俗的话来形象地说明循环论证，那就是："因为我没错，所以我是对的。"这话乍听起来似乎有点儿道理，但实际上并没有提供任何真正的证据来支持论点。

　　循环论证的最大特点就是用来论证论点的论据就是论点本身，也就是说，它用自己的结论来支持自己的观点，而没有提供任何实质性的证据或外部验证。这就像是在说："我不撒谎，因为我

循环论证就像一场逻辑上的原地打转：用自己的结论来支持自己的观点，看似有理，实则空洞无力。要打破这个循环，必须找到独立的、可靠的证据。

是诚实的。"这里的"诚实"本身就是不撒谎的前提，所以这种说法并没有实际的论证力。

在宗教或哲学辩论中，循环论证尤为常见。例如，有人可能会说："这本书说的是真理，因为它自己宣称它是由真理启示而写成的。"这种论证没有从书的内容或其他源头验证这本书说的是真理，而是依赖这本书自身的声明。

在政治和法律辩论中，也时常能看到循环论证的身影。政治家可能会声明："我们必须信任这位领导人，因为他是我们的领导。"这里的"领导身份"被用作其值得信赖的论据，而忽视了判断领导是否值得信赖需要对其领导能力及成就进行独立评估。

某些媒体在报道某些具有争议的话题时，也可能无意中使用循环论证。例如，一篇文章可能会声称："社交媒体是值得信任的，因为数百万人使用它来获取信息。"这里，使用人数众多被当成了社交媒体值得信任的论据，而没有考虑到社交媒体上的信息本身的质量高低、真实与否。

识别并应对循环论证其实不难，一方面要检查论据的独立性，也就是要检查论证论点的论据是否独立于结论，这时，要想揭示隐藏的循环逻辑，我们可以问问自己："这个论据能不能独立于结论而存在呢？"另一方面要寻求外部证据，也就是说，寻求外部的、独立的证据来支持或反驳论点是破解循环论证的关键所在。这要求我们不仅要听论点本身，还要关注论点背后的支持材料。

循环论证可能会让一个空洞的论点看起来有说服力，但仔细审视其逻辑结构就能发现它不过是"用我之结论充当我之论据"的无效论证。

在任何辩论或讨论中，避免循环论证不仅能提高你的论证质量，还能帮助听众更清楚地理解和评估信息。

请务必牢记，一个论点能站得住脚，应该是因为它有足够的可靠证据支持，而不是仅仅因为它宣称自己是对的。

证明不了它是错的，
那么它就是对的

    诉诸无知，这个逻辑谬误就像是在玩捉迷藏时，因为找不到藏身者就断定这个人不存在。这种逻辑陷阱很有迷惑性，不过，它的错谬之处就在于它的论证是建立在错误的假设之上的，即"没有人能证明它不存在，那么它就一定存在"。

    诉诸无知谬误的基本逻辑是：如果一个论点没有被证明是错误的，那么它就是正确的，抑或是，如果一个论点没有被证明是正确的，那么它就是错误的。这一逻辑模式忽略了知识的局限性和证据的不可用性。

例如，如果一个科学实验没有发现某种化学物质对人体有害，但这并不能证明这种化学物质绝对安全。可能只是目前的测试方法不够灵敏，或者研究还不够全面。

在科学研究和技术创新领域，也时常能见到诉诸无知的逻辑谬误。例如，关于某种新技术的潜在风险的报道可能会强调"没有证据显示它是危险的"，从而暗示它是安全的。但实际上，我们必须知道，"没有证据证明危险"和"它是安全的"之间还有一段距离，还需要更多的研究、更长的时间去全面评估。

破解诉诸无知的最佳策略就是时刻关注证据和逻辑的必要性。要不断发问：所有可能的证据来源都被考虑到了吗？是否存在我们尚未考虑或无法获取的信息？没有证据证明 A 就意味着非 A 是成立的吗？而且，要时刻保持科学的怀疑精神，也就是不轻信未经证实的断言。要知道，科学结论的得出本就应该基于观察、实验和证据，而不是基于其他方面证据的缺失。

诉诸无知是一个很容易把人引入思维误区的逻辑谬误，它通过假设未证实的就是错误的或者正确的，绕过了真正应该提供的证据以及需要进行的科学调查。通过批判性思维和科学方法，我们可以更明智地应对证据缺乏的情况，并做出更加理性的决策。

在日常生活中，如果遇到了"没有人能证明它是错的，那么它一定是对的"之类的论断，记得打开自己的逻辑雷达，看看是否遇上了诉诸无知的逻辑陷阱。

大脑中的自动过滤器

　　确认偏误，就像是我们大脑中的一个自动过滤器，只让那些符合我们预期的信息通过，而把其他信息拒之门外。这种偏误在我们的日常生活中无处不在，潜移默化地影响着我们的观念和决策。

　　确认偏误是一种认知偏差，因为它会让我们更关注那些支持我们已有看法的信息，并忽视或贬低与之相矛盾的证据。这种带有倾向性的信息过滤，扭曲了我们处理信息的方式，很可能会导致我们基于不完整的，甚至错误的信息做决策。

　　确认偏误的问题在于它限制了我们对情况进

行全面评估的能力，会导致我们忽视那些与我们的预期不相符的重要风险或警示信息。长期的确认偏误，很可能导致我们在财务投资、健康决策甚至人际关系等重要事务上持续犯下严重错误。

试想，如果你是一个坚信大盘必将上涨的投资者，那你就极有可能只关注那些看似表明大盘会上涨的数据，无视那些指示大盘即将下跌的信号。

在追星方面，确认偏误尤为常见。一位明星的粉丝，往往只会关注那些关于该明星演技好、性格好、人缘好的新闻报道，而忽略或者怀疑一切带有批评性的报道。这种选择性的信息处理会让明星在粉丝眼中自带光环，导致粉丝在明星"塌房"①时选择性失明，甚至为其"打抱不平"。

在日常生活中，确认偏误也常见于人们对健康信息的处理上。一个人可能坚信某种特定的健康食品具有奇效，因此他可能只注意那些支持这

---

① 网络流行词，指明星出现了负面新闻。

一观点的研究，而忽略那些显示其无效甚至有副作用的研究。

媒体有时也会利用确认偏误，通过提供符合特定观众预期和信念的内容，来吸引观众，提升传播率。虽说这个办法的确能有效增加受众的忠诚度和互动率，在商业方面卓有成效，但也有可能加深公众对复杂问题的误解。

识别并应对确认偏误，可以从以下几方面入手：

一是多角度收集信息，积极寻找不同来源的信息，特别是那些可能与你的观点不同的信息；

二是进行批判性思维训练，练习质疑自己的假设，考虑不同解释的可能性；

三是提高同理心，尝试着站在他人的立场、通过他人的角度分析问题，了解他们如何看待相同的信息；

四是定期反思，定期检查并反思自己的决策过程，确认自己没有受到确认偏误的影响。

确认偏误这个大脑中的自动过滤器会给我们理解复杂世界带来极大的障碍，因为它让我们只看到想看到的，而非需要看到的。理性客观地认识到确认偏误的存在，并积极采取措施来应对头脑中的偏见，就可以更加全面、客观、公正地对信息进行评估，进而做出更加明智的决策。要知道，在生活的各个方面，大到人生规划，小到衣食住行，保持开放和批判的思维方式都至关重要。

个体与整体的难题

　　合成谬误和分解谬误是两种常见的逻辑陷阱，简单来说，错误地将个体的特性上升到整体的特性属于合成谬误，相反，将整体的特性错误地应用到个体上就是分解谬误。

　　比如，一些体育爱好者会说："这支足球队的每个球员都是顶尖高手，所以这支球队一定是最强的！"这就是犯了合成谬误的逻辑错误，因为忽略了团队协作、战术安排等其他影响整体表现的因素。

　　分解谬误则是合成谬误的反面，错误地将整体的性质应用于个体。比如，在年终总结大会上，

经常会听到这样的说法："我们公司去年取得了傲人的业绩，所以在座的每位员工都很出色！"这没有考虑到公司的成功可能是得益于有效的管理系统或者少数关键人物的努力。

这两种谬误虽然表现不同，但本质却是一样的，那就是忽略了复杂系统中的个体与整体之间可能存在的非线性关系。在真实世界中，单纯的加总往往不能准确反映整体的性质，因为整体的表现可能受到各种内部互动和外部条件的影响。

在体育领域，合成谬误尤为常见。人们常常认为，由明星球员组成的队伍成为冠军是理所应当的，但实际上，无论球员多么出色，没有良好的团队协作和战术安排，根本无法保证取胜。

在商业管理中，分解谬误也经常出现。例如，公司高管可能认为，只要公司总体赢利能力强，那么就说明每个部门都是出色的，却忽视了一些部门可能正是依赖于其他部门的支持才能正常运行。

一些媒体在报道成功故事时，经常会陷入分

解谬误，特别是在涉及成功人士及知名企业的时候。报道往往会强调成功人士这个个体对整个行业的发展产生了多么巨大的影响，而忽视了市场环境、技术进步以及团队合作等其他同样重要的因素。

对付合成谬误和分解谬误的关键是认识到个体与整体之间不是简单的叠加关系，而是复杂的有机关系，并尝试理解它们之间动态的相互作用。具体来说，可以使用以下三个武器：

第一个武器是批判性评估。当听到将个体特质简单上升到整体，或将整体特质简单应用于个体的时候，应批判性地评估这种归因的逻辑有效性。

第二个武器是寻找例外。寻找那些不符合简单合成或分解逻辑的例子，可以帮助我们更好地理解个体与整体之间的真实关系。

第三个武器是深入分析。进行更深入的分析，探究其他可能影响整体表现的因素，如组织结构、团队互动以及外部环境等。

合成谬误和分解谬误提醒我们，在面对复杂的系统时，不能简单地将个体的性质直接上升到整体，或者将整体的特性直接下放到个体。通过批判性评估、寻找例外和深入分析，我们可以更真实地理解世界是如何运转的，避免因逻辑错误而做出错误的判断或决策。在未来的决策中，一定不要忘记考虑整体与部分之间可能存在的复杂、有机和动态的联系。

逻辑世界的甩锅达人

负担转移谬误，这就像是在辩论中玩捉迷藏。当被要求证明自己的观点时，却反过来跟对手说："你来证明我是错的呀！"这种逻辑上的逃避和甩锅游戏，就是所谓的"负担转移谬误"。

负担转移谬误的问题在于错误地将证明责任从提出主张的一方转移到质疑或反对的一方。按照正常的逻辑规则，应该是谁提出观点，谁提供相应的证据证明该观点。但在负担转移谬误中，提出观点的一方却试图逃避证明责任，并反过来要求对方证明其观点不成立。证明一个否定性论点往往比证明一个肯定性论点要困难得多，有时

甚至是不可能的。这样做不仅不公平，而且可能导致错误的信念得以持续，因为缺乏反驳并不等于证明了原始观点的正确性。

例如，如果某人声称有外星生命存在，并要求怀疑者提供没有外星生命存在的证据，这就是一个负担转移的例子。在这种情况下，怀疑者很难（甚至根本不可能）提供全面的否定证据，但这并不能证明原始观点自动成立。

在健康和医疗争议中，负担转移谬误尤其常见。譬如，某些辅助治疗的拥护者可能会声称他们的方法真实有效，并要求批评者提供证据证明这些治疗无效，而非担负起自身的举证责任，提供确凿证据证明这些辅助治疗确实有效。

媒体在处理科学和技术争议时，也可能陷入负担转移谬误。例如，在报道一项新技术或新产品的安全性时，媒体可能强调没有证据显示它是不安全的，从而暗示它是安全的，而非主动承担起提供证据证明技术或产品安全的责任。

对抗负担转移谬误的最有效的方法是时刻坚

持"谁主张，谁举证"的原则。当遇到他人试图将论证负担转嫁给你的时候，可以明确指出这一点，并要求对方提供支持其主张的直接证据。

除此之外，学习如何识别并要求合理的证据也是对抗负担转移谬误的关键。要明白，在所有讨论和辩论中，要求清晰、可靠的证据才是推动理性和建设性对话的基础。

总之，负担转移谬误试图通过让对方承担不合理的证明责任来维护自己的观点。为确保对话、辩论公平有效，必须明确谁应该提供证据，并坚持在合理的论证框架内展开讨论。

时间先后和因果关系的
爱恨情仇

后此谬误，又叫因果谬误，是一种常见的逻辑陷阱，它让我们错误地将时间顺序与因果关系混为一谈。这种谬误的拉丁文表述是"Post hoc ergo propter hoc"，直译就是"在这之后，因此之故"，这种谬误听起来似乎很有道理，但实际上可能只是我们对事件的一种误解。

后此谬误的问题在于，它将时间顺序等同于因果关系。这种逻辑错误可能导致我们做出错误的解释和决策。如果我们仅仅依赖事件发生的顺序，而不是去探究真正的因果机制，就可能采取不必要的或者完全错误的行动。

　　假如你是一个公司的高管，公司在推行新的管理策略后盈利显著增加，如果你就此认定盈利增加是推行新策略的结果，而忽略了市场环境的改善、行业趋势或其他可能的因素，那你显然陷入了后此谬误的陷阱。

　　在医疗和健康领域，后此谬误也屡见不鲜。一个人在感冒之后喝了特定的草药茶，随后感冒好转，于是坚信是草药茶治愈了感冒，而忽略了自身免疫系统或者安静休息等其他因素在起作用。

　　有些媒体在解释特定事件发生的原因时，有时也会犯后此谬误。例如，在报道名人使用某种新的健康或美容产品后出现积极变化时，媒体可能会直接根据事件的时间顺序将变化归功于产品效果，但实际上并没有进行科学验证。

　　对抗后此谬误的关键在于寻找更多的证据来反驳因果关系的假设。具体包括如下策略：

　　一是寻找其他解释，也就是考虑其他可能同时发生的事件或条件，它们可能才是引发结果的

真正原因。二是进行重复实验，如果有可能，可以通过重复情境来看是否每次都会发生相同的结果。三是开展统计分析，也就是利用统计方法来分析事件之间的关系是否具有显著的因果联系。

后此谬误提醒我们，单纯的时间顺序并不能证明因果关系。在做出基于因果推理的决策时，我们需要慎之又慎，并尽量寻求更多的证据。通过综合分析和批判性思考，我们可以最大限度避免因为时间上的巧合做出错误判断。

下次当你听到类似"在这之后，所以……因此……"的论断时，记得停下来认真思考一番，探索所有可能的因素，确保你的决策建立在坚实可靠的基础上。

思维的"障眼法"

　　无关的中间项谬误，就像是在逻辑推理中玩了一场障眼法，让我们误以为看到了事情的真相，但实际上却被一些无关因素蒙蔽了双眼。

　　当论证中被插入一个无关的中间项，使得推理看似合逻辑，但实际上却毫无根据的时候，无关的中间项谬误就发生了。它用一个不相关的或仅表面上相关的中间项来误导对方，使论证看似合情合理，实则缺乏实际的因果关系，仅仅依靠表面上的关联或复杂的推理迷惑人、误导人。

　　例如，有人说："我们的销售额下降是因为新来的前台接电话时语气不好。"这话乍听上去好像有点儿道理，但仔细想想就知道，前台的语气和销售额之间或许并没有直接的关系，真正的问题可能在于市场环境、产品本身的竞争力以及竞争对手的策略。

在日常生活中，无关的中间项谬误也十分常见，比如，有人会说："我胳膊疼，因为昨晚我没有按时睡觉。"但有常识的人都知道，睡觉早晚和胳膊疼之间大概率并没有直接联系，远没有天气变化、运动损伤、睡眠姿势以及其他健康问题的影响大。

某些媒体报道中也会出现无关的中间项谬误。娱乐板块经常会见到这样的标题：《××明星离婚，近期在品牌广告中疲态尽显》，很显然，报道意在把明星离婚当成其在广告中疲态尽显的原因，但其实两者之间可能毫无关联。

识别和应对无关的中间项谬误的关键在于，仔细分析论证的每一步，寻找其中无关或弱相关的中间项。在听到或看到类似论证时，记得问问自己："这个中间项真的和结论有直接关系吗？是

否存在更合理的解释呢？"

按照以下三个步骤检验论证，可以帮助我们更好地识别应对无关的中间项谬误：第一，识别前提和结论，也就是明确论证的起点和终点；第二，分析中间项，即分析中间项与结论是否真正相关；第三，寻找替代解释，思考是否有其他更直接的原因可以解释结论。

无关的中间项谬误是我们在日常生活和工作中经常遇到的逻辑陷阱。通过理解这种谬误，我们可以更好地分析信息，避免被误导。下次当你听到某个论证时，不妨仔细分析一下里面的中间项，看看这个中间项是否真的和结论相关。如果发现两者并不相关，那么恭喜你，你已经看穿了这个"障眼法"，成功避开了思维上的一大陷阱。

定义和结论的无限循环

    循环定义谬误，就像是在逻辑的迷宫里绕圈，看似在前进，实则回到了起点。这种谬误会用自己的结论或定义直接或间接地作为论据来支持自身，虽然乍听上去很有说服力，但实际上什么也没有解释，只不过是在原地打转。

    循环定义谬误的问题在于它看似提供了解释，实际上却什么也没说。这种论证没有增加任何新的知识，无法帮助我们理解问题或找到解决方案。这种谬误可能会让人误以为已经得到了充分的解释，但实际上将讨论推向了空洞无物的深渊。

    如果你问一个学生："什么是互相垂直？"他或

许会不假思索地回答："成直角的两条直线互相垂直。"当你再问他："什么是直角？"他可能会思考片刻，然后说："两个相互垂直的直线形成的角就是直角。"发现没有，这个学生的回答简直可以说是"听君一席话，如听一席话"，不知不觉就把你带进了循环定义的无限循环。根据他的回答，你还是不知道什么是互相垂直。

其实，循环定义的谬误也时常出现在政客的辩论中。他们宣称："民主是最好的政体，因为在民主国家，政府是由人民选出来的。"认真分析一下这句话就会发现，它根本没有解释为什么民主是最好的政体，只是重复了民主的定义。

当然，在日常对话中，也时常能听到循环定义谬误。比如，有人说："她是一个好老师，因为她能教出好学生。"如果你再问："为什么她能教出好学生？"那么对方很可能会说："因为她是一个好老师。"

识别和应对循环定义谬误的关键在于寻找论证中是否有实质性的内容。如果一个论点只是重

复了它的结论而没有提供新的信息，那么很可能就是在犯循环定义谬误。面对这种情况，你可以追问更多细节，例如："你说民主是最好的政体，能具体解释一下它在哪些方面优于其他形式吗？"通过这样的提问，迫使对方提供更具体、更实质性的理由，而不是简单地绕圈子。

循环定义谬误是我们在讨论和辩论中常见的一种逻辑错误，它看似有理，却没有实际内容。通过识别这种谬误，我们可以避免陷入无意义的论证循环，推动讨论向更深入、更有意义的方向发展。

相信当你再遇到看似有道理但实际上在原地打转的论证时，肯定能机智拆解、从容应对，把你们的讨论拉出毫无意义的循环定义。

以偏概全的高手

在日常生活中，总会听到一些大而化之的观点，比如，"天底下就没有长情的男人""所有学生都对考试敬而远之"。这些话听上去颇有道理，让人忍不住点头认同，但其实，它们都存在逻辑上的小陷阱，这个陷阱就是"过度概括"。

简单来说，过度概括就是仅凭寥寥几个案例，就给整个群体或某个现象扣上一顶帽子。这通常在缺少实质证据的情况下发生，人们急于做出一个看似站得住脚的结论。

过度概括的关键问题在于它忽略了个体的多样性和复杂性，企图用一种简单粗暴的方式代替

细致入微的分析。这种做法不仅可能传播错误信息，还可能激发偏见和刻板印象。这就像是你在一家餐馆只吃过一次不好吃的饭菜，就断定这家餐厅的所有菜都不行，这显然是不公平的。

不过这种例子在我们生活中几乎随处可见，如性别刻板印象、文化偏见、教育误区等。在性别刻板印象方面，我们常听到这样的说法——"女人总是很情绪化""男人从不做家务"。这种过度概括不仅忽视了性别内部的个体差异，还可能加剧性别偏见，影响社会公正。

在文化偏见方面，有人会说"外国人都不懂礼貌"，这同样是过度概括。毕竟每个国家和文化都有其独特的礼仪规范，泛泛而谈只会导致误解和偏见。

在教育方面，有些老师很可能会觉得"成绩不好的学生都不努力"。可是，学生表现不佳的原因往往是多方面的，如学习方法、家庭环境、心理状态等。这种过度概括的思维和态度不仅无法帮助学生解决问题，还会打击学生的自信心和积极性。

即便在媒体报道中，过度概括也司空见惯。比如，某地发生一起犯罪事件之后，媒体为了吸引眼球，很可能会得出"该地区治安堪忧"的结论，而不去深入分析案件发生的具体背景和情况。这种做法不仅会误导公众，还可能引发不必要的恐慌。

但是别担心，我们并不是没有办法避免走进过度概括的误区，具体来说，可以充分收集证据、考虑个体差异、谨慎用词并保持开放心态。充分收集证据就是在下结论前，尽量收集更多的案例和数据，确保你的观点建立在充分的证据之上。考虑个体差异就是在分析问题时，考虑到个体的差异和多样性，不要用一两个例子代表整个群体。谨慎用词就是尽量避免使用"所有""每个""总是"等绝对化用词，记住，这样的绝对化用词会让你的论断显得过于武断。顾名思义，保持开放心态就是对待任何问题都要保持开放和包容的心态，愿意听取不同的意见和观点，避免陷入片面和狭隘的思维模式。

通过识别并规避过度概括，我们不仅能让自己的思维更加严谨和周全，还能减少偏见和误解，促进社会的和谐与公正。下次当你听到或想要下一个笼统的结论时，不妨先停一停，问问自己："这个结论真的适用于所有情况吗？"这样的自问自答，可以帮助我们更理性、更公正地思考问题。

辩论中的"歪楼"能手

在和别人讨论，特别是当观点发生分歧的时候，我们常常会遇到这种情景：其中一个人突然开始偏离正题，转而批评对方的人品、性格，甚至是对方穿的衣服、戴的首饰。这种"话题转移大法"就是人身攻击，又叫"谩骂式辩论"。

人身攻击最大的问题就在于它完全偏离主题，不再关注讨论的问题，而是盯着对方的长相、脾气或者生活习惯，试图通过贬低对方的方式来提高自己论点的可信度。这种做法不仅不公平，还严重破坏了讨论的理性氛围，让讨论变成了吵架。

比如，你和朋友在讨论要不要增加市区的公

共交通资源，你的朋友突然说："你连自行车都不会骑，还敢谈交通规划？"这就是典型的人身攻击。稍稍分析我们就会发现，你的朋友并没有对公共交通发表任何看法，只是想通过你不会骑自行车这件事在气势上压倒你！

再举个例子，在一次针对环保政策的辩论中，甲方说："我们应该减少塑料袋的使用，因为它们对环境有害。"乙方却说："你脚上穿着塑料鞋，凭什么批评塑料袋？"在这个对话中，乙方根本没有针对甲方的观点进行任何有意义的反驳，而是把矛头转移到了甲方的鞋子上，通过这种人身攻击的方式让自己显得很有理。

在媒体报道中，人身攻击也很常见。一些媒体在报道政治人物时，喜欢突出政治人物的个人丑闻或家庭问题，却对他们的政策主张只字不提。这种做法不仅让公众忽视了重要的政策问题，还可能误导舆论。

面对人身攻击，首先要做的就是心态稳定、淡然处之，千万不要被对方的言辞激怒，并因此而分心。

要试着把话题拉回正轨，可以说："咱们还是聊聊公共交通吧，这才是今天的重点。"也可以直接指出对方的错误，告诉他这和讨论的话题无关："我穿什么鞋并不影响咱们讨论环保政策的必要性，所以咱们还是聊一聊怎么减少塑料袋的使用吧。"

最后，要培养批判性思维，学会分辨论点和人身攻击，要保持理性，不要让情绪主导你的判断或者行动。

人身攻击是辩论中常见的逻辑谬误，意在通过攻击对方个人特质的方式来达到削弱其论点可信度的效果。但这种做法不仅解决不了实际问题，还会把讨论推进争吵和情绪的深渊。

只有做到认识并妥善处置人身攻击，我们才能保持讨论不偏离话题，进行更有建设性的辩论。

无论如何，请一定谨记，我们讨论的是观点，而非提出观点的那个人。

辩论场上的"情感核弹"

在辩论的战场上，有一种"情感核弹"，它威力巨大，能瞬间摧毁理性的防线，它的名字就叫"诉诸情感"。想象一下，销售员不跟你讲产品性能，而是给你看一张可怜巴巴的小孩照片，然后问："你忍心让孩子吸雾霾吗？"你心一软，手一松，就中了"诉诸情感"的招。

诉诸情感，顾名思义，就是用情感来轰炸你的理智，让你在不理智的情况下做出决策。它通过激发你的同情心、恐惧感、愤怒等情感，来达到说服你的目的。这种手段在广告、政治演讲中屡试不爽。

诉诸情感的问题在于，它让我们在情感的洪流中迷失方向，做出缺乏理性的选择。它削弱了论证的逻辑力量，让我们无法客观评估论点的真伪。

比如，环保组织筹款时，可能会给你看一只满身油污的小企鹅，背景音乐是悲伤的钢琴曲。这画面让人心碎，你心痛不已，忍不住想往外掏钱。可是你冷静下来想一想，可怜巴巴的小企鹅和这些环保人士的筹款项目能否有效解决污染问题之间又有什么必然联系呢？

再如，选举中，候选人可能会讲述自己如何照顾生病的亲人，以博取选民的同情，进而赢得选民的选票。但仔细想想，照顾亲人和处理公务之间又有什么必然联系呢？而且这种诉诸情感的策略，可能掩盖了他们在政策和能力上的不足。

媒体报道中，诉诸情感的使用也非常普遍。新闻报道通过讲述个人悲惨故事，引起观众的共鸣，吸引公众的注意力，调动公众情绪。这种报道虽然感人，但也可能导致信息的偏颇。

面对诉诸情感的谬误，我们需要保持冷静和理性。首先，要识别出情感的诱导，问问自己："这个论点背后的事实和数据是什么？"其次，要寻求更多的信息，确保决策基于全面、可靠的证据。

在交流中，如果对方使用诉诸情感的策略，我们可以温和地指出这一点，要求对方提供具体的证据和逻辑支持。

比如，如果有人试图用情感故事说服你，你可以这样回答："这个故事很感人，但我们是否有更多的数据来支持这个观点呢？"

诉诸情感是一种强大的武器，常常让人忽视理性思考。但通过理解和识别这种谬误，我们可以在情感的浪潮中保持清醒，做出更理智的判断和更明智的选择。

下次当你听到或看到那种特别煽情的说服手段时，不妨停下来思考一下："这背后有真正的逻辑和证据吗？"如此一来，想必你就不会中"情感核弹"的招了！

Part 3

第三部分

结语：让批判性思维成为你的超级技能

掌握识别逻辑谬误和套路的技能后，我们可以将这些技能应用到日常对话、职场沟通和公共辩论中，这不仅能有效提升沟通效果，还能帮助我们在复杂的社会互动中做出更明智、更有效的决策。接下来，我们将探讨如何将批判性思维技巧应用于具体场景，使其成为日常生活中有力的工具。

　　在日常生活的对话中，面对各种观点和信息，保持批判性思考可以更好地评估信息的可靠性和论点的有效性。比如，当朋友推荐一种新的健康生活方法时，你可以询问他基于哪些证据做出这一推荐、这些证据是否可靠，以及是否有其他来源的信息支持这一观点。通过这种方式，我们可以避免盲目跟从可能的误导性建议，同时也能帮助对方思考他所接受信息的依据。

在职场中，批判性思维尤为重要，因为决策往往会影响项目的成败和公司的利益。当评估一个提案或报告时，批判性地分析所提供的数据和论据可以帮助我们识别可能的逻辑弱点和假设错误。比如，如果一个市场分析报告基于很少的样本数据做出广泛的市场趋势预测，我们应该质疑这种推断的可信性和可靠性。通过提出关键问题或要求更多的数据支持，我们可以进行更深入的思考和更精确的分析，从而做出更合理的决策。

在公共辩论或讨论中，批判性思维不仅能帮助我们反驳不合逻辑的论点，还能构建基于坚实逻辑和证据的有说服力的对话。比如，在一个关于城市发展的辩论中，如果对手使用滑坡谬误，声称"建设新的购物中心将导致小商业体的毁灭"，我们可以通过展示真实数据和大量案例来反

批判性思维就像一双慧眼，帮助我们看穿表面的光鲜，找到隐藏的问题。质疑和验证，让每一个决策都更有底气、更有智慧。

驳这种过度概括的预测。同时，我们也可以强调新建设项目带来的经济利益和社会活力，从而提供一个更全面的视角。

要有效地在各种场合应用批判性思维，关键是保持一种持续的询问和验证的态度。这意味着在接收和处理信息时，我们应该持续地质疑前提和来源，也就是不盲目接受任何信息为真实的，除非其来源和逻辑经得起检验；坚持搜索证据，寻找支持或反驳特定观点的证据，而不是仅凭直觉或第一印象做出判断；保持开放性，对不同的观点持开放态度，允许自己的立场在遇到更有说服力的证据时做出调整。

通过这些方法，批判性思维可以成为我们在日常生活中解决问题和进行有效沟通的强大工具。无论是在非正式的家庭对话中，还是在严肃的职场讨论和公共辩论中，它都能帮助我们建立更加坚实、理性和有说服力的交流基础。

所以，让批判性思维成为你的超级技能，你会发现自己身处各种场合都会更加从容、更加自信！

附录 A：套路索引

❶ 预设

定义：通过隐含的前提让听者在不知不觉中接受某些内容。

例子："你什么时候能停止虐待宠物？"（预设你曾经虐待宠物。）

破解绝招：学会识别并质疑。

❷ 暗示

定义：通过间接的表达让听者自行得出某种结论。

例子："我可不是那种总是背后说闲话的人。"（暗示对手总是在背后说闲话。)

破解绝招：注意那些没有直接说明但通过语气、措辞或上下文传达的信息，并独立验证。

❸ 刻意模糊

定义：故意使用含糊或多义的语言，让听众难以做出明确的判断。

例子："这款产品可以帮你焕发自然美。"（"自然美"是一个模糊的概念。）

破解绝招：寻找具体和明确的信息，警惕模糊的表述。

❹ 假装客观

定义：通过看似中立、客观的信息传递个人偏见。

例子："专家称草莓含有大量农药残留。"（未提供具体来源）

破解绝招：质疑来源，寻找细节，对比观点，独立思考。

❺ 启动效应

定义：通过一些特定的词语（如表示限定的词语）和营造某种环境影响人们决策。

例子："破价清仓最后一天！"

破解绝招：提高意识水平，寻求更多信息，培养并提高批判性思维的能力。

❻ 框架效应

定义：通过对同一信息的不同表述让人做出截然不同的反应。

例子："有三分之一的成功机会"VS"有三分之二的失败概率"。

破解绝招：多角度审视，培养并提高批判性思维能力并全面评估。

❼ 制造联想（正面联想与恶意联想）

定义：通过听觉、视觉等形式，在听众或观众的脑海中建立某种联系，激发特定的情感或认知反应。

例子："这款香水有自由的味道，拥有它就能拥有
自由！"

破解绝招：识别联想、批判性思考并寻找多元信
息来源。

❽ 简化

定义：通过缩减复杂问题影响人们理解或判断。

例子："购买此种保险，享受无忧生活。"（保险能
在多大限度上保障生活是一个复杂问题，这
种说法将购买保险的作用简化了。）

破解绝招：评估信息的真实性，识别潜在的偏见，
保持怀疑的态度。

❾ 夸张

定义：通过故意夸大事实，引发强烈效果或给人
留下深刻印象。

例子："这药能治百病。"

破解绝招：评估信息的真实性，识别潜在的偏见，

保持怀疑的态度。

❿ 利用语言的情感载荷

定义：使用带有强烈情感色彩的词语来激发听众的情绪。

例子："残忍的敌人" vs "对方的士兵"

破解绝招：保持警觉和批判性思维，分离情感词汇，关注实际内容和逻辑。

⓫ 情感操纵

定义：利用人们的情感反应来说服他们接受某种观点或采取某种行动。

例子："如果对手当选，国家就会陷入经济崩溃或社会动荡！"

破解绝招：寻找可靠的信息源，对比不同来源的信息，保持情绪稳定。

⓬ 对比

定义：通过强调两个或多个事物之间的差异来突

出某一事物的特点。

例子："新款手机比旧款轻薄许多。"

破解绝招：质疑对比的公平性和准确性，寻找更

多的信息来源。

附录 B：逻辑谬误索引

❶ 诉诸权威谬误

定义：仅因为某个权威或专家支持某个观点就认为它是对的。

例子："著名学者推荐这种饮食，所以它肯定是健康的。"

破解绝招：检查此权威人物是否是在其专业领域内发言，并验证其观点的独立支持证据。

❷ 稻草人谬误

定义：歪曲或过分简化某人的论点，使其易于攻击。

例子："环保主义者不关心人类的福祉，只在乎树木和动物。"

破解绝招：明确对方的真实论点，避免攻击虚构的弱化版本。

❸ 虚假二元选择

定义：将复杂的问题简化为仅有两个互斥的选项。

例子："我们要么禁止所有车辆，要么就任由污染继续恶化。"

破解绝招：寻找是否存在其他合理的选项或解决方案。

❹ 滑坡谬误

定义：认为一个看似无害的行为将导致一系列不可接受的后果。

例子："如果我们允许学生穿便服上学，那么他们就会穿得越来越随便，最后所有人都会穿奇装异服。"

破解绝招：评估各环节之间逻辑的合理性和现

实性。

❺ 循环论证

定义：用来论证论点的论据就是论点本身。

例子："因为我没错，所以我是对的。"

破解绝招：检查论证是否真正提供了独立于结论的支持性证据。

❻ 诉诸无知

定义：认为某个主张为真仅因为没有证据证明它为假，或反之。

例子："没有证据证明外星生命不存在，因此外星生命一定存在。"

破解绝招：辨别论点是否没有实质性证据。

❼ 确认偏误

定义：只关注或偏爱支持已有观点的信息。

例子："我只看我认同其来源的新闻，因为其他的都是假新闻。"

破解绝招：积极寻找并考虑与自己观点不同的信息和证据。

❽ 合成谬误与分解谬误

定义：错误地将个体的特性上升到整体的特性，或将整体的特性错误地应用于个体上。

例子："因为每个零件都是轻的，所以整台机器也非常轻。"

破解绝招：区分个体和整体特性，分析是否存在不适用的逻辑跳跃。

❾ 负担转移谬误

定义：将证明自己论点的责任转移给对方。

例子："我觉得存在外星人，除非你能证明它们不存在。"

破解绝招：确定证明责任在提出论点的一方，而非反驳方。

⑩ 后此谬误

定义：仅因为某件事情在另一件事情之前发生，就认定前者是后者的原因。

例子："我上次穿了红色的袜子，然后考试及格了，所以红袜子能帮助我顺利通过考试。"

破解绝招：评估时间上的相关性是否等同于因果关系，寻找更直接的因果证据。

⑪ 无关的中间项谬误

定义：在三段论推理中，中间项与结论不相关。

例子："所有的水果都有维生素，巧克力含有维生素，因此，巧克力是水果。"

破解绝招：验证推理过程中每一环节的逻辑是否合理。

⑫ 循环定义谬误

定义：定义一个词汇时用到了该词汇本身，使定义变得无意义。

例子："勇敢就是你要表现得很勇敢。"

破解绝招：确保定义清晰、独立，不包含自身或
同义词。

⓭ 过度概括

定义：从少数情况推断出普遍真理。

例子："我的猫很凶，所以所有的猫都是危险的。"

破解绝招：评估结论是否基于充足的样本和证据。

⓮ 人身攻击

定义：攻击对方的人格或特质，而不是对方的
论点。

例子："我们不应该听他的环保建议，因为他开的
是燃油车。"

破解绝招：集中在论点和论据本身，而非发言人
的个人特质。

⓯ 诉诸情感

定义：利用听众的情感反应而非有效的逻辑来说

服他们。

例子："你应该加入我们的行动，想想那些受苦的孩子们！"

破解绝招：分离情感词汇，关注实际内容和逻辑。